吴殿更 著

湖南教育出版社
·长沙·

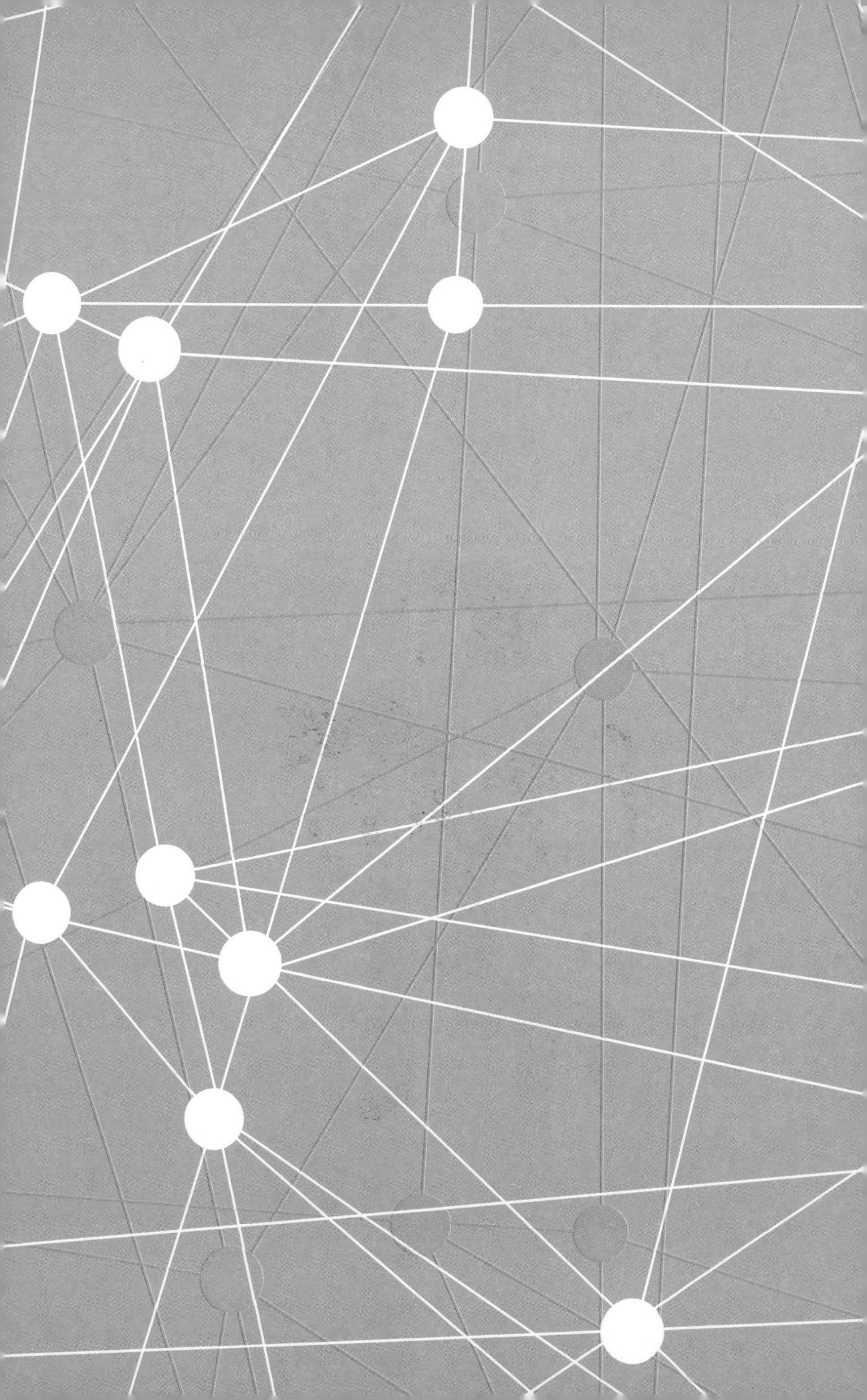

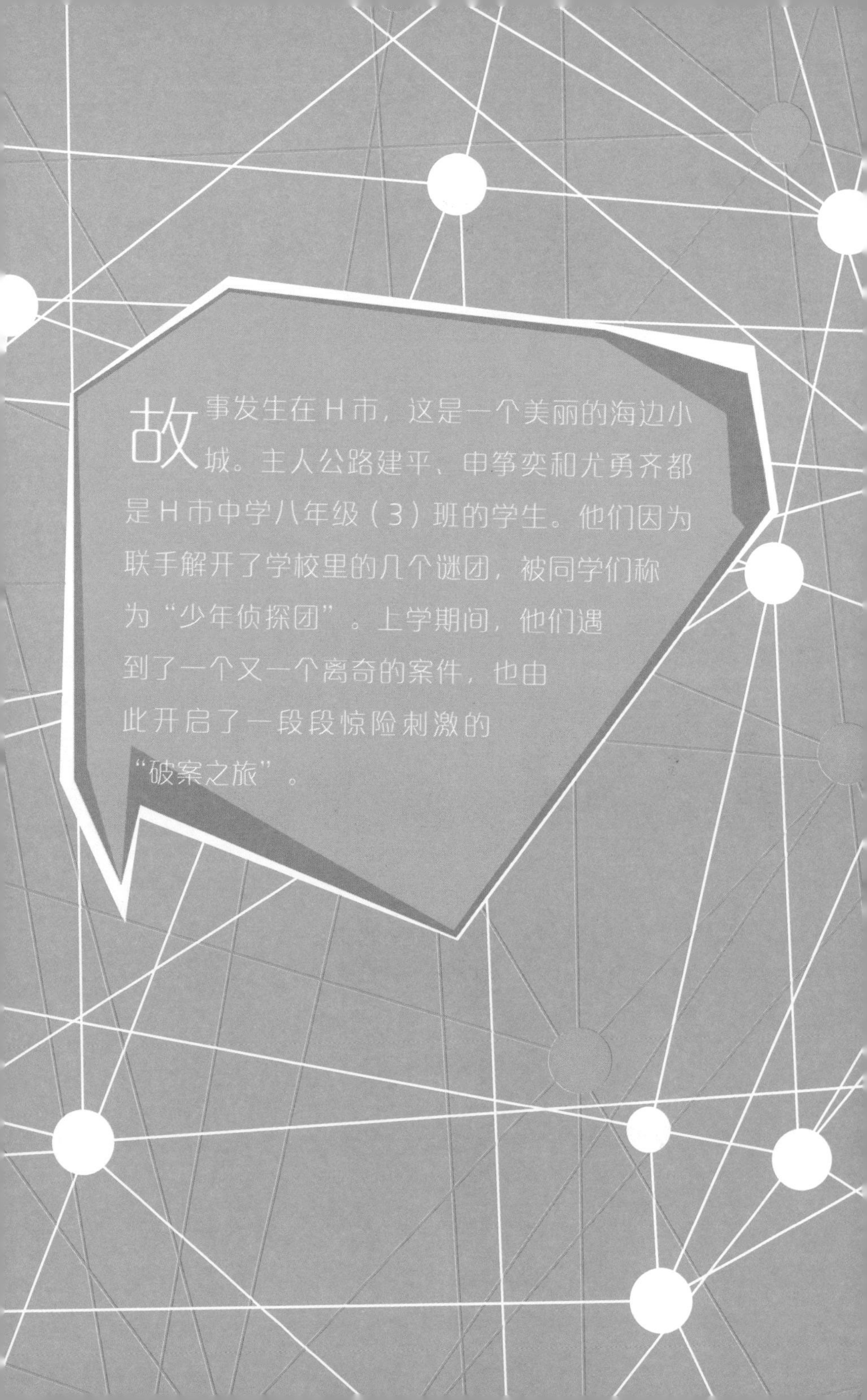
故事发生在H市，这是一个美丽的海边小城。主人公路建平、申筝奕和尤勇齐都是H市中学八年级（3）班的学生。他们因为联手解开了学校里的几个谜团，被同学们称为“少年侦探团”。上学期间，他们遇到了一个又一个离奇的案件，也由此开启了一段段惊险刺激的“破案之旅”。

人物档案

路建平

少年侦探团成员。受父亲的影响喜欢研究化学，擅长透过表面现象分析事物本质。

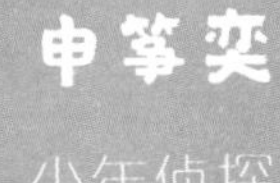

申筝奕

少年侦探团成员。希望长大后当警察。古灵精怪的小脑袋里总有一些奇思妙想。

尤勇齐

少年侦探团成员。别看他头脑好像不灵光，却经常可以在关键时刻误打误撞得到一些意外收获。

目录
CONTENTS

化学侦探王
迷之粉末

1 贵客临门

这是一个隆冬的早晨，天色昏沉沉的。寒风凛冽，吹得窗玻璃**哗哗地响**，太阳也怕冷似的，躲进了厚厚的云层。

尤勇齐躺在被窝里，睡得正香，他咧着大嘴，还**沉浸**在美梦之中。

妈妈顾泉佳推开他的房门，喊道："小齐，快起床！"

尤勇齐翻了个身，并不舍得起来，小声**嘟囔着**："妈，现在已经放寒假了，让我多睡会儿嘛。"

顾泉佳**没好气**地说："都几点了，别睡懒觉

了，你不是早上还要和路建平、申筝奕讨论寒假社会实践活动吗？而且，一会儿有位贵客要来咱们家，如果你还在床上睡觉像什么样子，快起来吧！”

尤勇齐只好打了个呵欠，慢腾腾地爬了起来。

吃过早餐，他打开手机约路建平和申筝奕视频。

三个人很快开启了视频聊天。路建平说：“我们今天讨论一下怎么在寒假期间开展‘走向碳中和’生态文明主题宣传活动吧。”

尤勇齐仿佛还没睡醒，**伸了一个懒腰**说：“化学家，啥叫**碳中和**来着？我有点忘了。”

路建平从屏幕里望着他，无奈地说：“上次‘绿色低碳，节能先行’的主题班会上老师不是讲过了嘛。碳中和是指从国家到个人在一定时间内产生的**温室气体**排放总量，可通过植树造林、节能减排等形式，实现正负抵消，达到相对‘零排放’的目的。”

尤勇齐连连说道：“对，人类活动中温室气体

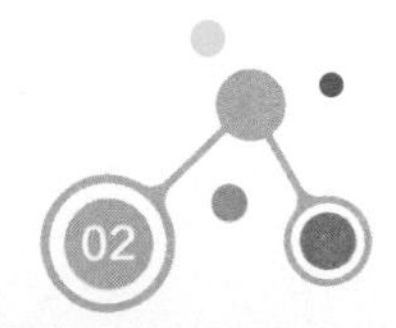

排放的增加是全球变暖的一个重要原因。”

听完，路建平点点头，三个人随后确定了本次活动的宣传主题和具体的实施环节。完成分工后，他们便各自下线了。

顾泉佳在厨房里**探出头**来说：“小齐，过来帮妈妈洗一下水果，一会儿客人就来了。”

尤勇齐答应着走过去，**随口问道**：“谁要来呀？”

顾泉佳说：“罗浩宇，你爸爸的同乡，也是大学的校友。在学校时，他们是最好的朋友。毕业以后，联系就渐渐少了。前几天碰到了，所以你爸就请他来咱们家做客。”

尤勇齐正要打开水龙头洗盘子里的水果，顾泉佳阻止他说：“等一下，得先去掉水果上的农药残留物。”

她拿出一个标有“碳酸氢钠”的瓶子，从里面倒出一些白色粉末撒到水果上，然后说：“现在你先用水浸泡 30 秒左右，然后用流水清洗就可以了。”

尤勇齐边洗水果边问："妈妈，什么是碳酸氢钠啊？没毒吗？"

顾泉佳回答说："你别害怕，碳酸氢钠的俗名是小苏打，溶于水后呈弱碱性，是可以食用的。小苏打泡水后和果蔬中的农药残留接触时，会发生酸碱中和反应，让农药残留成分逐渐失去作用。你明年就要开始学化学了，我打算让你的身边充满化学元素，所以我在瓶子上贴上了这个标签，帮助你之后学习化学。"

"妈妈呀，你饶了我吧！"尤勇齐神情夸张地说。

顾泉佳拍着他的肩膀说："如果你的学习积极

性有路建平的一半，还用得着妈妈这么操心吗？好好努力吧，乖！”

尤勇齐只好苦着脸，把洗好的水果端了出去。

过了一会儿，罗浩宇叔叔到了，爸爸尤达丹赶紧把罗浩宇请进门。落座以后，爸爸和罗叔叔便寒暄起来。

尤勇齐看着他们，忽然好奇地问道：“爸爸，罗叔叔，你们为啥不哭啊？”

罗浩宇望着尤勇齐有些奇怪地问：“我们为什么要哭啊？”

尤勇齐说：“不是说老乡见老乡，两眼泪汪汪吗？何况你们还是大学同学。”

两人一愣，接着不约而同地大笑起来。

尤达丹轻拍着儿子的脑袋说：“别贫了。快给叔叔倒茶去。”尤勇齐答应着去了。

罗浩宇微笑着说：“你儿子挺可爱的嘛。”

尤达丹无奈地摇头说：“嗨，这孩子，有时候说

话就是不经大脑，愣头愣脑的。”

“开饭喽！”顾泉佳端着一盘红烧鱼从厨房出来，“赶紧入席吧。”

席间，尤达丹和罗浩宇聊得很是热闹。罗浩宇说他最近中标了一个关于新能源的项目，还新买了一辆新能源汽车。

“我最近对新能源也很感兴趣，抽时间我们谈谈，看看有没有合作的可能。”尤达丹说。

罗浩宇高兴地说：“好啊，求之不得。明天你来我办公室吧，我给你看些详细资料。”

接着，他们继续回忆大学的美好时光，聊着两人当年的糗事。尤勇齐听得非常入迷。他很喜欢这个有点儿“大大咧咧”的罗叔叔。

第二天一早，尤达丹给罗浩宇打电话，想与他约一下见面的时间，但听筒里传来罗浩宇略带焦躁的声音：“你先别来了，我的车差点儿被火烧着了！”

我国新能源车的发展

近几年来，随着我国对“双碳”政策的大力推动，新能源汽车产业进入了快速发展的阶段。政府通过购车补贴、免费牌照、免费停车等一系列政策鼓励人们购买新能源汽车。

目前，我国是全球最大的新能源汽车市场，销量居世界首位。

离奇纵火 2

尤达丹不由一惊，忙问道："怎么回事？车被烧了？你人没事吧？"

罗浩宇答道："我没事。我现在在 4S 店，刚好离你家不远。我到你家里再说吧。"

半个小时后，罗浩宇走进了尤家。尤达丹给他倒了一杯水问道："到底怎么回事？"

罗浩宇咕咚咕咚喝了两口水，喘着气道："早晨，我刚把车开出车位，就看到车底下冒出一团火光，吓得我赶紧下车，取出车里常备的灭火器朝火喷过去。幸亏火不大，很快就扑灭了。"

尤达丹问道：“是车自燃吗？”

罗浩宇说：“不是。我刚才在4S店让店员里里外外仔细地检查了一遍，车没有任何问题。”

尤达丹说：“那就是说，有人故意纵火？”

罗浩宇摇摇头：“我没看到人。当时才早上六点多。”

尤达丹有些奇怪地说道：“那这火是怎么烧起来的？”

罗浩宇说：“我也不是很清楚，灭完火后，我仔细检查了一遍，发现地面上有些黑色的残留物。我猜是有人提前在车位上放了易燃物。我去开车的时候，就烧起来了。”

尤达丹**若有所思**地说：“那应该是人为的，可恶！你报警了吗？”

罗浩宇摇头：“没有，这点儿小事不值得报警。不过就是虚惊一场，又没什么损失。”

尤达丹缓缓摇头：“可如果是有人要对你**蓄意**

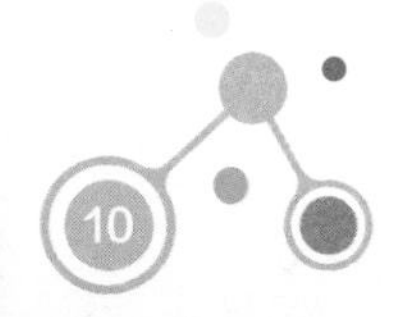

报复，这次没有成功，下次再来怎么办呢？”

在屋子里写作业，却又一直伸长耳朵偷听两人对话的尤勇齐再也忍不住了。他一下子蹦出来，跑到罗浩宇面前：“罗叔叔，我爸爸说得对。这种事情不能掉以轻心。这个案子您就交给我好了，我们少年侦探团一定帮您把案破了！”

罗浩宇看尤勇齐一脸认真的样子，不禁笑道：“哟，没想到你们还是少年侦探团呢。那我可得把案子全权委托给你们了。”

尤勇齐兴奋地说：“没问题！”说完便一溜烟冲回了自己的房间，迫不及待地跟路建平和申筝奕打电话：“快来我家，又有案子了！”

路建平和申筝奕急匆匆地赶到尤家。

听了罗浩宇的复述，路建平问道：“罗叔叔，您说看到有黑色的残留物，那您看清是什么了吗？有没有保留下来？”

罗浩宇摇着头沮丧地说：“没有。我当时

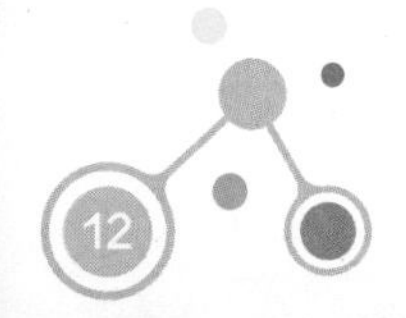

着急去 4S 店，没有保留这些残留物，而且我已经通知物业派人来清理了，估计什么也不会留下。”

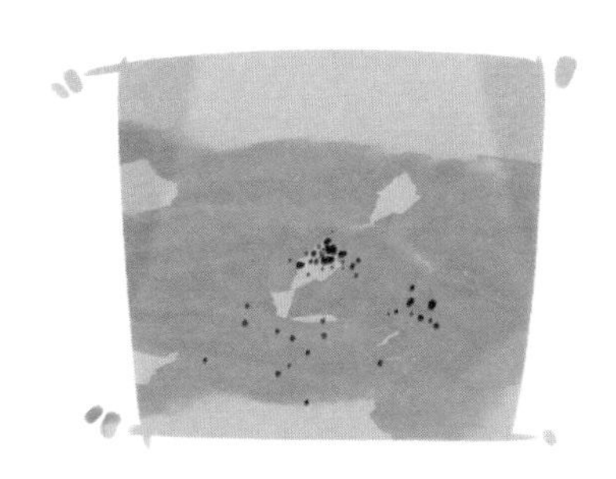

申筝奕闻言不由有些惋惜地说：“罗叔叔，这可都是最重要的证据啊，您怎么能这么**轻易地**就清理掉呢？”

路建平安慰他：“没关系，一会儿我们再去现场看看，说不定还会有没清理干净的残留物呢。对了，罗叔叔，您开的是燃油车吗？”

罗浩宇说道：“是新能源车。”

路建平沉吟道：“新能源车没有汽车尾气，所以不会有可燃物。”

尤勇齐问：“汽车尾气有可燃物？”

路建平回答说："汽车尾气中含有**一氧化碳**、碳氢化合物、**氮氧化物**等物质。在一定的条件下可与氧气发生反应，反应中会有火焰。"

尤勇齐又问："那新能源车没有尾气？"

还没等路建平张口，罗浩宇先回答说："当然没有。新能源车主要以电力驱动，自然没有尾气。"

路建平点点头："从目前的情况来看，应该是昨晚罗叔叔把车开到地库后，有人在车位上**偷偷地**放了东西。而且这种东西不会轻易自燃，如果车没有被破坏的痕迹，那很可能就是事先洒在地上，等车启动后，车轮压过燃烧物，使其摩擦后发热燃烧。现在我们先来分析一下谁有可能在这里纵火。目前来看，纵火者很有可能针对的就是您。罗叔叔，您认为谁最有可能做这样的事？"

罗浩宇闻言低头冥思苦想，过了好一会儿，他缓缓抬起头，说道："我觉得有可能这样做的人有三个。第一个是我隔壁车位的，和我住一个单元楼。

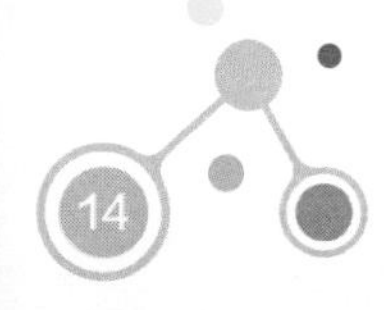

我只知道他姓张，是我们小区健身会所的健身教练，他性格比较粗鲁，开车也比较莽撞。有一次我在倒车入库的时候他正好开车冲过来，两辆车撞到了一起。为此我们大吵了一架，甚至还差点儿动手打起来，最后惊动了物业才被劝住。从此他每次看到我都横眉冷对。他那辆旧车已经开了很多年了，前几天我提车回到自己车位上的时候，刚好被他看到，当时他还有些不高兴地嘟囔道，'买新车有啥了不起的，过两天就得坏'。他可能以为我没听到，但我耳朵尖听得一清二楚。我虽然有点儿不高兴，但也没有跟他计较。没想到今天发生这件事，所以我觉得他有嫌疑！"

路建平点点头："第二个人呢？"

罗浩宇说："第二个人是我生意场上的一个竞争对手，叫李海龙。他住在我的小区不远处。前不久我们一起竞争那个新能源项目，结果我中标了。他很不服气，认为我是用不正当手段得来的，

甚至还当面威胁说要给我好看。我身正不怕影子斜，对于他的诋毁和嫉恨，我当时根本没往心里去。但今天发生这件事，我觉得他也有嫌疑。”

申箏奕问：“那第二个人呢？”

罗浩宇说：“这个人是个包工头，叫王大望。他跟我认识很多年了，以前承包过我公司的一些工程项目。上周他来我家找我借钱，我说我现在手头也很紧张。我当时着急要出去，他还是不依不饶地追着我直到车库，但我还是没借。”

尤达丹听到这插了一句：“老罗，看来他确实很着急用钱，如果你能帮他一下就好了。”

罗浩宇无奈地说：“没办法啊，我现在的现金流非常紧张。为了竞标那个项目我投入了不少钱。你也知道，这几年生意不好做，公司能勉强活下来就很不错了。”

尤达丹同情地点点头。

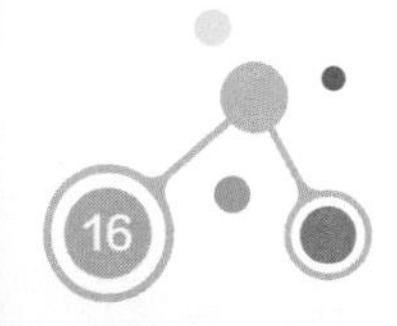

罗浩宇接着说："现在是年底了，王大望他借钱不成，怀恨在心过来报复也是有可能的。——好了，孩子们，我觉得有可能对我实施报复的就这几个人，就拜托你们暗访调查了，有什么情况可以随时跟我联系哦，不过记得一定要注意安全。"

尤勇齐自豪地拍着胸脯说："您就放心吧，罗叔叔。我们保证把案件调查个水落石出，帮您找到纵火者！"

谜题

1 车轮附近的黑色粉末是什么？

2 从罗浩宇的相关描述中，你认为谁最有可能犯案？

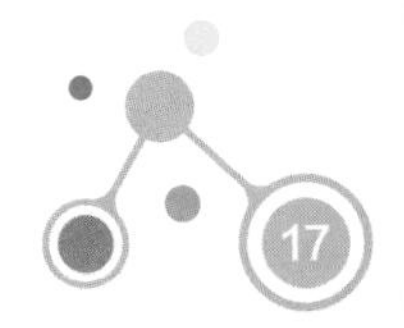

健身教练 3

罗浩宇向他们描述了这几个嫌疑人的外貌特征、地址等信息后，就先和尤达丹回公司了。走之前他再三嘱咐他们在调查时必须要**小心谨慎**，注意安全，千万不要**轻举妄动**。

他们走后，尤勇齐给路建平和申筝奕拿来一些水果说：“现在我们应该先从哪里入手？”

路建平咬了一口苹果，说道：“我们先去罗叔叔的车库，看看还能不能找到残留的燃烧物。正义姐，你说呢？”

申筝奕掰了一个香蕉说：“我同意。那我们就

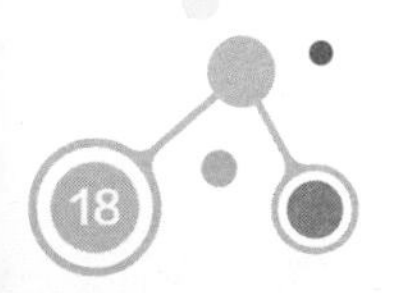

先从那个张先生开始吧，毕竟是同一个小区的，调查起来比较方便。”

三人**达成了一致**。

路建平吃完苹果到厨房洗手时，看到他们家的油壶是金属制品，就扭头对尤勇齐说：“勇哥，你们家最好别用金属瓶来装油，因为这样容易造成酸败。”

尤勇齐看了看那个金属油瓶，问道：“什么是酸败？”

路建平说：“**酸败是油脂在贮藏时由于与空气作用发生氧化而分解产生异臭味的现象，金属瓶中的金属离子会加速这一过程。**吃了酸败的油会让身体产生不良反应，甚至还有可能造成食物中毒。所以食用油最好储存在玻璃或者陶瓷类的容器中。”

尤勇齐点点头说：“知道了，我会让我妈换个玻璃油瓶的。对了，趁我妈出去购物还没回来，咱们得赶紧走。要是她回来了，我就只能**老老实实**

在家做作业了。快走快走！”

听到尤勇齐不停地催促，申筝奕“扑哧”一声笑了：“勇哥，我发现你每天都在跟你妈妈玩猫鼠游戏。”

尤勇齐一边在门口换鞋，一边得意地说：“这就叫‘她有张良计，我有过墙梯！’”

按照罗浩宇提供的线索，他们很快到达地下车库，找到了罗浩宇的车位。

令他们失望的是，这里早已被保洁人员清洗干净，没有留下丝毫痕迹。

尤勇齐叹了口气，说道：“罗叔叔也真是的，那么着急叫物业来清理干嘛？这下一点儿证据都没有了。”

路建平倒没有泄气，说道：“我们先去调查那几个嫌疑人吧，证据可以一点点收集。”

他看了一下隔壁车位上张先生的车，默默地记下了车牌号，并给那辆车拍了一张照片。

申筝奕见状也拍了一张，说道：“我们先去找张先生，刚才罗叔叔说他是这个小区健身会所的健

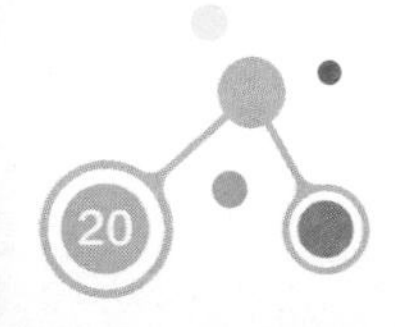

身教练，现在他应该在会所里。”

路建平和尤勇齐都点头同意。

很快，他们来到健身会所，果然看见了跟罗浩宇描述的体貌特征很像的那位健身教练，他正在指导会员锻炼。

尤勇齐远远望着他，悄声说：“我们应该怎么去调查他？”

路建平仔细观察了一会儿后，便附到尤勇齐的耳边轻声说了几句话，尤勇齐边听边笑着点头。

尤勇齐慢慢走向张先生，装出一副发现名人的样子，一脸兴奋地说：“哎呦，您就是著名的健身达人张教练吧，终于见到您本人了。”

张教练正在往手里涂抹一种白色粉末准备举杠铃，见说话的是个小男孩，便漫不经心地说：“我是姓张，你是怎么认识我的？”

尤勇齐语调夸张地说：“我早就听说过您的鼎鼎大名了，看您的肌肉这么发达，是附近最优

秀的健身教练呢！”

张教练明知道他在拍马屁，但还是很受用，扛起杠铃做了几个推举后，瞅着他笑道：“你这小孩，到底想说什么？”

尤勇齐举手喊道：“您这么棒，我想跟您学健身，举杠铃！”

张教练摇摇头说：“不行，这种运动不适合你这样的小孩。”

尤勇齐撇撇嘴说：“您别小看人，我练过武术和跆拳道，身体特别棒。”

张教练丝毫不为所动：“我说不行就是不行，你的年纪太小了，不能练这个。”

尤勇齐见一计不成，于是又生一计。只见他转了一下眼珠说道：“那我让我爸爸来跟您锻炼可以吗？”

张教练又做了几个推举，微微喘气道：“你爸爸？当然可以。”

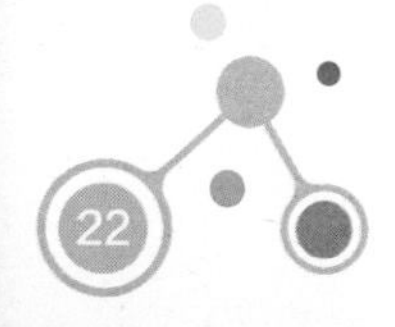

尤勇齐说："昨晚我爸爸就来过这里找您报名，可惜您不在。"

张教练说："昨晚？我昨天有事出去了。一天都不在小区，直到刚才才回来的。"

尤勇齐**微微一怔**，说道："好的，那一会儿我叫我爸爸再来找您。"

张教练微微点头，继续做着各种器械锻炼。

尤勇齐**趁他不注意**，悄悄地从那个盛有白色粉末的器皿中抓了一些粉末，然后转身走了回去。走到路建平他们面前，把刚才与张教练的对话简单地复述了一下。

路建平想了想，又跟申筝奕低声说了几句话。申筝奕点点头走出去了。

尤勇齐看了一眼手里那些路建平让他拿的白色粉末，轻声问道：“这是什么啊？”

路建平低声回应道：“这是镁粉。学名叫**碳酸镁**，具有很强的**吸湿作用**。运动前往手上涂镁粉是为了增大摩擦系数，避免手滑。好了，我们先出去吧，以免张教练警觉。”

两人轻轻走了出去。尤勇齐问：“你有什么发现吗？你觉得车库纵火是这个张教练干的吗？”

路建平说：“我现在还不能确定，正义姐去问情况了，她回来就**大致清楚**了。”

过了好一阵，申筝奕回来了，说了一下她了解到的情况。路建平点点头说道：“好，那我们先去罗叔叔那里说一下我们的初步调查结论吧。”

尤勇齐给罗浩宇打电话问他公司的地址，路建平说：“我得先去一趟我爸爸在滨海大学的实验室。半小时后咱们在罗叔叔公司门口碰头。”

半小时后，三人来到罗浩宇公司的办公室。罗

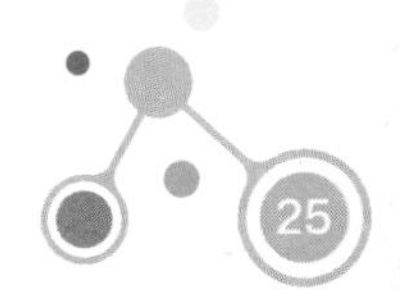

浩宇看到他们就笑着说："怎么样，三位小侦探有什么发现吗？"

路建平点点头，拿出手机展示了一段视频给罗浩宇看。画面中一个实验人员正在做实验，只见他在容器中放置了一些灰色粉末，然后点燃一根引火条并小心翼翼地靠近这些粉末，只听"哧"的一声轻响，粉末迅速燃烧并产生明亮的白光和剧烈的火焰，由于粉末数量不多，过了一会很快就熄灭了。

路建平问："罗叔叔，您今天早上在车库看到的是这样的火光吗？"

罗浩宇想了想说："应该不是，我看到的火光没有这么亮，也没有这么白。"

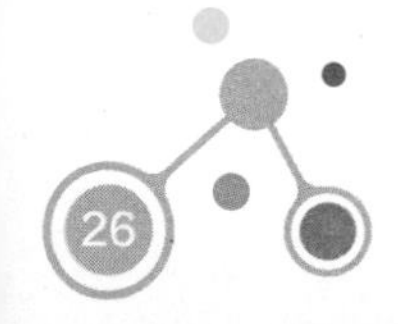

路建平点头说：“这个粉末是金属镁，是我从我爸爸的化学实验室看到的，镁是一种很活跃的金属，受到摩擦或撞击时就可以燃烧。”

他又从书包里取出了一个纸包并打开来，里面是一些白色粉末。他接着说：“这是镁粉，也叫碳酸镁，是我们刚才从健身会所张教练那里拿的。碳酸镁可以通过一些化学方法还原成金属镁，不过罗叔叔刚才也说了，与您早上看到的火光有明显不同，所以车库燃烧物不是金属镁。而且，金属镁制造起来有一定的难度，我估计那个张教练不一定会这种把镁粉还原成金属镁的方法。”

申箏奕接着说：“更重要的是，我们了解到张教练昨天并不在小区。他是今早才回来的。我刚才还特地去小区物业那里看了一下监控，看到他那辆车确实是前晚开出去，今早才开回来的。而且我在摄像头里清楚地看到汽车驾驶位上是他在开车。所以可以证实，他确实没有撒谎。也就是说，他没有

车库纵火的作案时间。”

路建平总结说：“所以，在没有新的发现之前，我们可以暂时排除张教练的嫌疑。”

听到这些，罗浩宇情不自禁地拍起手来：“太棒了！你们的分析思路清晰、逻辑严谨。能在这么短的时间内就做出排查，我对你们能成功破案越来越有信心了！”

“所以您看到我们真正的实力了吧。我们三人联手就没有破不了的案子！”尤勇齐得意地说。

“勇哥，你能不能不吹牛呀！”申筝奕白了他一眼。尤勇齐赶紧捂住嘴巴不敢再说话了。

大家看到尤勇齐的滑稽样子，都哈哈大笑起来。

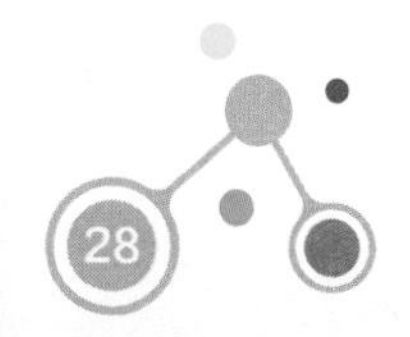

青少年适合做什么运动?

运动医学专家认为，青少年健身锻炼必须考虑到自身的发育特点。青少年在 11 ~ 12 岁时，运动应以增强心肺功能为主，可进行一些兼备速度和灵敏度的运动，如跳绳、短跑、游泳、体操和各种运动性游戏。

13 ~ 20 岁是肌肉发展期，这一年龄段的青少年应参加发展肌肉的锻炼项目。男孩可以做一些力量、速度、对抗性、爆发性的运动项目，比如跆拳道、武术、足球、篮球等；女孩推荐做瑜伽、长跑、骑自行车、滑雪等有氧运动。

化工老板 4

路建平问罗浩宇："接下来我们想调查那个李海龙。您能再说一下他的情况吗？"

罗浩宇叹了口气说："其实我以前跟老李的关系还不错，经常进行合作往来，但这几年我们在发展理念上出现了分歧。我认为应该迎接新工业革命的浪潮，抓住新商机。他则认为不要盲目追求新概念，把传统制造产业做深做扎实依然有很多机会。道不同不相为谋，所以我们渐行渐远了。

"这次竞标我们同场竞技。因为我的方案更有优势，所以我中标了。老李一向很自负，这次的

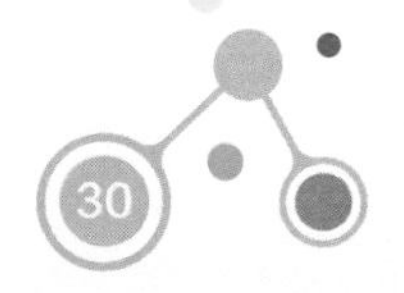

失败估计会让他备受打击，甚至因此嫉恨我。”

路建平点点头，默默念叨：“李海龙，李海龙，我好像在哪里听过这个名字。”

忽然，他想起了什么，抬头问罗浩宇：“罗叔叔，这个李海龙是不是经营着一家化工厂？”

罗浩宇略有些诧异地回答：“对啊，他是一家私营化工厂的老板，不过规模不是很大。怎么，你认识他？”

路建平摇头说：“不是，我爸爸以前给一些化工企业做过技术顾问。我好像听他提到过这个名字。”

罗浩宇望着他：“你爸爸？”

尤勇齐抢着回答说：“他爸爸是滨海大学化学系教授路门捷。”

罗浩宇恍然大悟：“哦，路教授在咱们化工领域可谓是如雷贯耳。我一直想找机会认识他，没想到先认识了他的公子！真是踏破铁鞋无觅处，得来全不费工夫！”罗浩宇高兴得直搓手。

但看到路建平略显尴尬的表情，他赶紧转回话题："这么看来老李确实跟你爸爸**打过交道**，那你打算怎么开展调查呢？"

路建平想了想说："我打算利用这层关系找他**旁敲侧击**地聊一聊。"

罗浩宇表示赞同："你是路教授的儿子，又只是个初中生。他肯定不会有太多防范，你应该可以打探到很多真实的情况。"

路建平问："那我去他公司能找到他吗？"

罗浩宇想了想说："他平时到处奔波，不一定在公司。不过老李喜欢清静，总是喜欢到市图书馆旁边的沧海清风咖啡厅边看书边喝下午茶，倒是可以去那里看看。"

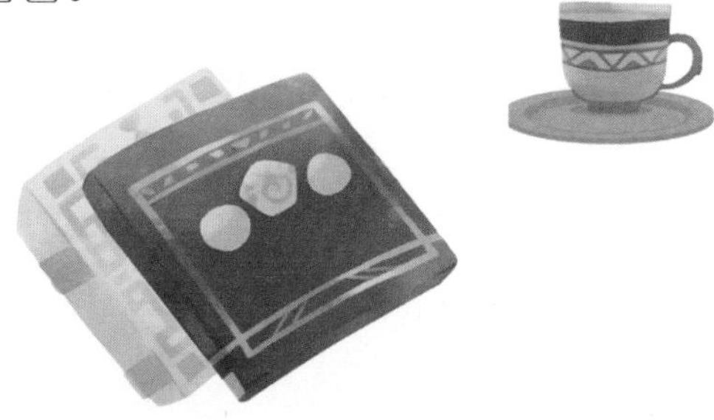

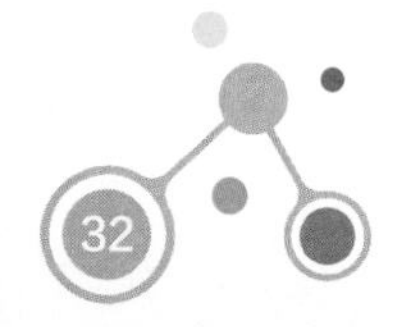

路建平问："可是现在是冬天，这么冷，他还会去吗？"

罗浩宇笑了笑："那可不好说，老李这个人性格**倔强**，喜欢的事就会一直坚持下去。你觉得冷，他可能反而觉得很过瘾，大呼'**沧海横流，方显英雄本色**'。"

他们告别罗浩宇后，怕人多会引起李海龙的怀疑，就决定让路建平独自前去。

路建平先回家向爸爸仔细打听了李海龙的情况，在下午两三点钟时，骑车去了沧海清风咖啡厅。

天气很冷，咖啡厅里没什么人。路建平一眼就看到了一位中年男子，跟罗浩宇和爸爸描述的很像。他靠窗坐着，边喝咖啡边看电脑写东西。

路建平走了过去，**彬彬有礼**地说："您好，请问您是李海龙伯伯吗？"

中年男子抬起头，**上下打量**着他，有些疑惑地问道："我是李海龙，请问你是？"

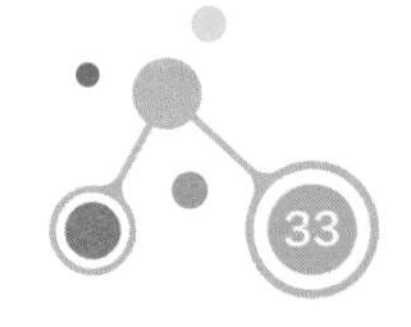

路建平说："我是滨海大学化学系教授路门捷的儿子。我叫路建平，在爸爸相册中见过您。"

李海龙一听不由得**喜形于色**，连忙说道："哦，原来你是路教授的儿子，快过来坐。你怎么知道我在这里？"

路建平坐下来接着说："我来图书馆借书，顺便进来休息一下。无意中看到您像是爸爸经常提起的李海龙伯伯，所以就**不揣冒昧**地过来问问。"

李海龙笑了起来："这可太巧了，你爸爸还好吗？"

路建平点头道："他还好，就是比较忙，他曾经跟我说，多亏了有您的帮忙，他才能顺利地完成一些课题的研究。"

李海龙感慨地说："可惜我的庙小，帮不了路教授太多。反倒是路教授给我们公司提了很多宝贵的建议。我一直想找机会谢谢他。对了，说到这，我突然想起一件事。你爸爸曾经向我要过一份技术资料。我花了些时间终于总结好了，但一直太忙没空给他，

所以想请你帮我把资料给他带回去，好吗？”

路建平说：“好的，没问题。”

李海龙点点头说：“建平，我请你喝一杯咖啡吧。”

路建平摇头说：“谢谢，我不喝咖啡。”

李海龙说：“那好吧，那就麻烦你跟我去一趟公司，我把资料给你。”

路建平答应了。两人坐上李海龙的车去了他的公司。

在路上，路建平问：“李伯伯，您公司是做磷化工的吧。”

李海龙点点头：“对呀！伯伯考考你！你知道磷是用来做什么的吗？”

路建平说：“**磷是一种化学元素，也是一种重要的化工原料**，主要用于制造化肥、农药、食品添加剂、玻璃和处理金属等。”

李海龙哈哈大笑：“说得很对，不愧是路教授的儿子。我们公司主要生产经营磷酸盐、五氧化二磷、三氯化磷之类的磷化工产品，在国内销量还不错，也出口到很多国家和地区。”

路建平点点头说：“我上次听罗浩宇叔叔说您公司的产品非常不错，深受用户的好评。”

李海龙突然脸色一变，问道：“谁？罗浩宇？你怎么会认识他？”

路建平摇头说：“我其实跟他也不熟，就是上次跟着爸爸和几个朋友吃饭的时候认识了罗浩宇叔叔。他提到了您，并对您赞赏有加。”

李海龙冷笑一声：“哼，他不过是虚情假意罢了。这个人表面上大大咧咧的，实际上就喜欢背后搞小动作。我上次竞标输给他，就是因为他在背后捣鬼。不过，马上又有新一轮的竞标了，我特地飞去C市找了专家帮忙润色方案。这次我一定还以颜色，拿下这单项目，给他好看！”

路建平说：“您去C市了？”

李海龙说：“对啊，我上周去的C市，今天上午

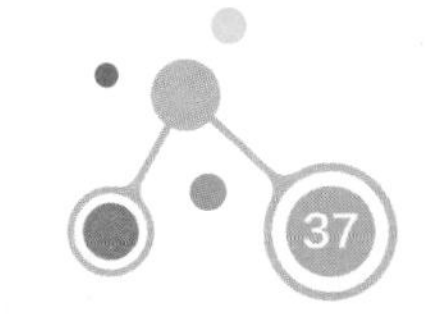

才回来。下午在沧海清风喝咖啡。边吹海风，边琢磨怎么完善方案，然后就遇到你了。”

两人到了公司，李海龙带他去办公室取资料。路建平注意到，他的办公室里有很多磷矿产品的样本。

路建平说：“李伯伯，您这里居然有这么多种磷矿石，很多我都没有见过。”

李海龙说：“当然，我就是干这个的嘛。”

说话间，路建平注意到他的办公桌上有一张从 C 市飞往 H 市的机票，到达时间就是今天上午。

李海龙找到技术资料把它递给路建平，笑着说：“记得替我跟你爸爸问声好。”

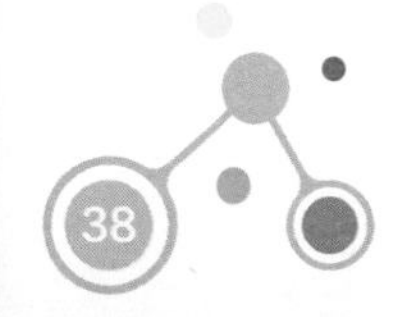

“好的，谢谢李伯伯。”路建平说。

第二天早上，路建平叫上申筝奕和尤勇齐，再次来到罗浩宇的办公室。

路建平又拿出一段视频只见一些紫红色的粉末倒到地上，点燃后粉末出现黄白色的火焰，并冒出大量的白烟。

在与罗浩宇确定火光的颜色不对，并且没有白烟后，路建平点点头：“这是红磷，是我在李海龙的办公室看到的。一般情况下红磷不会在空气中自燃，但可以通过摩擦和撞击燃烧。不过跟昨天的金属镁粉一样，也不是罗叔叔看到的那种火光。昨天下午我和他聊了很多。我觉得李海龙伯伯是个**性格倔强不轻易服输**的人，他说要给您好看，是指他要在下次竞标中打败您。而且我已经确认过了，李海龙伯伯上周去了C市，昨天上午才回来，所以，他的嫌疑基本也可以排除了。”

申筝奕**若有所思**地说：“只剩下王大望了。”

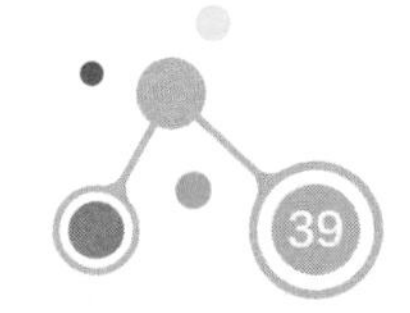

青少年适合喝咖啡吗？

大量的研究数据表明，青少年正处于生长发育的高峰期，不宜多喝咖啡，因为咖啡中含有丰富的咖啡因，饮用后可能会导致睡眠障碍以及身体的分泌紊乱，如果长期大量饮用咖啡可能会导致骨质疏松，从而影响生长发育。

专家建议，12 岁以下孩子不要喝含咖啡因的饮料，12～18 岁的青少年每天不要摄入超过 100 mg 咖啡因（约 1 杯咖啡）。

所以，青少年应减少熬夜时间，保证充足睡眠，不可依赖咖啡提神。

古村追踪 5

罗浩宇回忆说："我和那个王大望认识很多年了。我觉得他非常**老实本分**，所以之前有些土建项目我都承包给了他。他的家境不太好，这次来找我借钱是因为他母亲重病住院，需要一大笔钱治疗，所以当我说没钱借他时，他看我的眼神里充满了沮丧与失望。我知道他真的很困难，但我真的**爱莫能助**，因为为了竞标那个项目我前期已经投入了很多，资金一时周转不开，实在是没有办法了。"

路建平点点头："罗叔叔，您的难处我们可以

理解。现在我们还是先去找王大望了解情况吧。”

罗浩宇叹了口气说：“好吧，王大望住在望百山村，那里是山区，离这里比较远，我开车带你们过去吧。再说，马上就要过年了，**于情于理**我都应该去**看望**一下他们。”

罗浩宇准备了一些年货，打开汽车导航就带他们出发了。

大约一小时后，他们来到了望百山村。村里的路比较狭窄，罗浩宇把车停在了村口。

这是一个宁静的山村，周围**群山耸立**，**皑皑的白雪**覆盖着苍茫的大地。

“山里确实比城里冷多了。”尤勇齐跳下车，忍不住打了一个哆嗦。

申筝奕却**毫不在意**这里的**天寒地冻**。她望着周围的雪景由衷赞叹道：“真美啊，这里充满了**诗情画意**。你们看远处的群山和大地连成了一片，到处都是白雪茫茫，简直就像童话世界一样。”

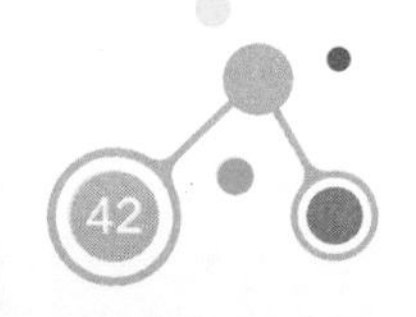

尤勇齐没好气地看着她，嚷道："行了，我的白雪公主，咱们赶紧找到王大望吧，这么冷的地方，我可真受不了。"

罗浩宇一行人，按照路人的指点找到了王大望的家。

他家的院门是一道低矮的老式木栓门，门口挂着两幅破旧的门神年画，显然已经挂了很久，都有些褪色了。罗浩宇轻轻敲了一下门，问道："请问王大望在家吗？"

过了好一会，才有人来开门。这是一个十八九岁的大学生。

这人看到罗浩宇，脸上立即浮现出厌恶的神情。他不耐烦地说："我爸不在。"

罗浩宇认出他就是王大望的儿子王小柱，上次曾跟王大望去过自己家，便微笑着说："小柱，你爸爸去哪里了？"

王小柱依然用硬邦邦的语气说："我不知道。"

这时，门后传来一个女声："小柱，你怎么不请客人进来？"

王小柱**极不情愿**地打开门，只说了一句："你们自己进去吧。"说完他就走出了院子。

这时，一位四十多岁的中年妇女从里屋走了出来，看着王小柱**扬长而去**的背影，充满歉意地说："对不起，这孩子脾气倔，不懂事。"

罗浩宇微笑着说："没事，您是嫂子吧，我叫罗浩宇。快过年了，今天特地来看看你们。"

那位妇女**一脸惊喜**地说："哦，您就是大望常提起的罗总，快请进来。"

她招呼着罗浩宇他们进来坐下，同时对里屋喊着："小燕，快给客人倒些水喝。"

一个八九岁的小女孩答应着，去厨房拿了几个杯子。随后，她拿起一个暖水瓶往杯子里倒热水，并**怯生生**地把水递给他们。

尤勇齐本以为进了屋会暖和些，可没想到屋里

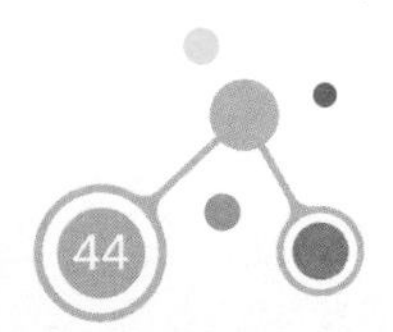

跟外面一样冷。他嘀咕了一句“简直跟冰窖一样”，赶紧喝了几口热水。

罗浩宇环视着屋子，屋里的布置非常简陋。墙边立着些普通的木制家具，由于年头长了，给人一种摇摇欲坠的感觉。屋里最引人注目的地方应该就是墙上贴着的一大片红彤彤的奖状，上面写着“好学生”“一等奖”等字样。从这些奖状不难看出，这家的孩子很优秀。

罗浩宇边看边说：“小柱学习很不错。”

小柱妈脸上顿时展现出几分自豪的笑容：“这孩子，读书很用功，学习也一直很好，考上了不错的大学，有空还去附近的工厂里打工赚钱，补贴家用。

不过我和他爸爸都没什么文化，他将来能不能成器只能靠他自己。”

罗浩宇问：“我刚才听小柱说，大望不在家？”

小柱妈说：“是啊，他上周去S市找一个关系不错的老乡借钱，已经去了好多天了，也不知道什么时候回来。”

罗浩宇知道S市离H市足有六七百千米，不由眉头紧锁。

这时，门口出现了几个农村汉子，对小柱妈喊道：“你男人还没回来吗？他欠我们的钱什么时候能给？”

小柱妈脸上掠过一丝慌张，却还是走到院子里，语气坚定地说：“大望还没回来，他回来了一定可以拿钱给你们。”

那几个汉子中有人冷哼了一声说：“我们不为难女人。等王大望回来，要是再不还我们钱，你们就等着吧。”

说完这几个汉子就离开了。

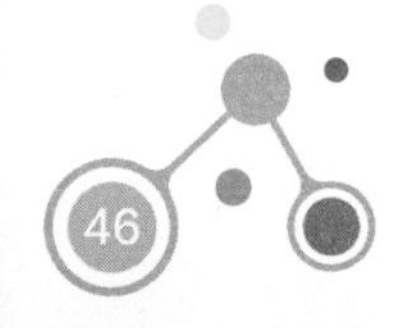

看到此情此景，罗浩宇实在坐不住了。他把礼物放下就匆匆告辞了。

回去的路上，几个人都**默默无语**地各自想着心事。

申筝奕一直在想：张教练、李海龙、王大望目前看起来都没有作案时间，由此可以判断他们都不是真凶，那么真正的纵火者究竟是谁呢?

3 王小柱为什么对他们冷冰冰的?

4 张教练、李海龙、王大望哪个是真正的纵火者?

老将出马 6

傍晚，申筝奕回到家，看到只有爸爸申正道在，便问道："妈妈今晚又不在家吗？"

申正道正在翻一本武术杂志，闻言笑着说："你也知道，你妈妈这个刑警队长是个超级大忙人，所以今天晚上又只有我们父女俩了。宝贝儿，饿了吗？"

申筝奕**一屁股**坐到沙发上，摊开双手一**脸疲惫**地说："当然，我都要饿死了。"

申正道赶紧站起来说："好嘞，我马上给我的宝贝女儿做些好吃的。"

他快步走进厨房，**叮叮当当**地开始做饭。

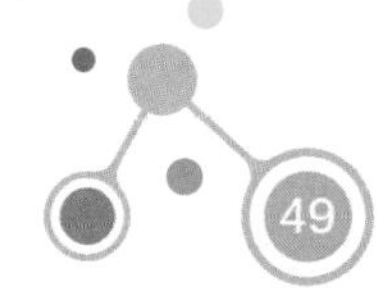

过了一会儿，他对还在沙发上躺着的申筝奕喊道：“奕奕，帮爸爸切一个洋葱。”

申筝奕答应着走过来。

她洗了一个洋葱，一刀切下去，一股刺激的气味顿时冒了出来，窜到眼睛里让她忍不住流下了眼泪。

她一边抹眼泪一边说：“爸爸，为什么切洋葱会流眼泪？”

申正道边炒菜边说道：“因为洋葱里含有硫化物，当我们切洋葱时，**硫化物**会在空气中形成一种具有强烈刺激性的化合物。它会刺激眼睛的黏膜，从而使眼泪涌出来。”

申筝奕不由得一愣：“那我该怎么办，每次切洋葱都得边流泪边切吗？”

申正道答道：“你可以在盆内放些水，再把砧板放在水里切洋葱，这样化合物会部分溶于水，就能减少对眼睛的刺激了。”

申筝奕按照这个方法试了试，果然好多了，于是笑着说：“还是爸爸厉害。”

吃过晚饭后，申正道看到女儿躺在沙发上似乎有些不开心，于是问：“奕奕，一会儿跟爸爸去健身馆练练跆拳道，爸爸再教你几招。”

申筝奕懒洋洋地说：“没心情，不想动。”

申正道坐到她旁边，关切地说：“怎么了宝贝，又遇到什么难题了？”

申筝奕喃喃地说：“案子的线索全断了。”

申正道问：“哦，什么案子，说来给爸爸听听。”

看到爸爸对他们的案子感兴趣，申筝奕顿时来了精神。她端正坐好，一五一十地把车库纵火案的事发经过、嫌疑人的情况以及目前的进展，竹筒

倒豆子一般地说了一遍。

申正道认真地听完，沉思了一会儿，说道："按照你的描述，张教练、李海龙、王大望这三个人在事发当晚都没有进入车库纵火的作案时间，所以可以基本排除作案嫌疑，对吗？"

申筝奕点头说："对啊，这三个人都有充分的不在场证明。我们又找不到新的嫌疑人，所以线索全断了。"

申正道站起来，在客厅里来回踱步，沉吟道："虽然看上去线索断了，但是我觉得，还有个地方你们可以去查查。"

申筝奕问："哪里？"

"望百山村！"

申筝奕问："望百山村？您为什么觉得那里会有线索？"

"我现在也不能确定。"申正道说道。

"可是，您觉得哪里有问题呢？"申筝奕追问道。

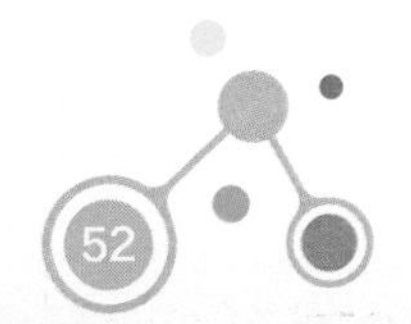

“这么说吧，通过你们的调查已经证明，另外两个嫌疑人，从作案时间和作案物上已经完全可以解除嫌疑了对吧。”申正道问道。

“是呀！所以我才苦恼呢。”申筝奕说。

“但是你们在望百山村只拿到了王大望不在场的时间证据，也许你们疏忽的就是破案的关键。”申正道说，“所以还需要再到现场去走一趟。”

申筝奕拍着手高兴地说：“爸爸，您以前就靠这种老警察的直觉破过不少案。我相信您心里一定是有一些判断的！爸爸！你来跟我们一起破案吧。”

申正道一本正经地说：“明天我正好休息。你要我帮你破案，那可得有一个条件。案子破了，你要加强学习，明年争取考上市重点中学。怎么样，成交吗？”

申筝奕叹了口气，说道：“就知道您会这么说。好吧，本姑娘答应了！那明天一早我们就出发。”

申正道点头同意，举起了右手。父女俩击掌

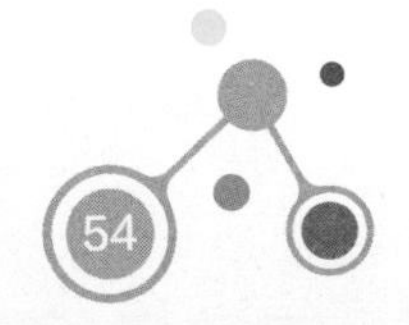

为誓。

事后，申筝奕马上给路建平打电话，兴奋地说：“我爸爸说我们应该再去一趟望百山村，也许那里有我们忽略的线索。而且他答应和我们一起去！”

路建平也很高兴，说道：“我也觉得我们今天在望百山村太仓促了，说不定漏掉了什么。而且申叔叔也一起去的话，那我们破案的希望就更大了！”

申筝奕得意地说：“那当然，我爸爸当年破过不少案子，虽然因伤被调到了后勤部门，但依然宝刀不老。有他在，我们就是战无不胜的！你明天早上九点来我家集合。”

路建平说道：“好的，那你记得也跟勇哥说一声。”

申筝奕答应了，马上又通知了尤勇齐。

第二天早上，路建平和尤勇齐先后来到了申家。他们跟着申筝奕一起到了车库，看到申正道打开了一辆越野车的前车盖，正在往汽车水箱里倒一种液体。

尤勇齐问：“申叔叔，你倒的是什么东西？”

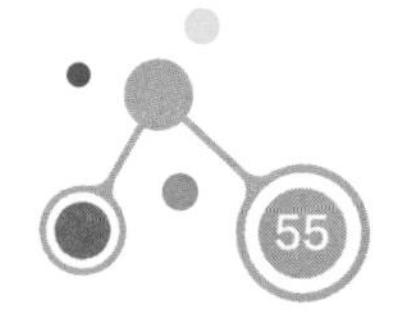

申正道说："这是防冻液，主要成分是乙二醇，是一种无色无臭的**有机化合物**。因为冬季气温低，在水箱里加入乙二醇，可以保证汽车的冷却系统不冻结，在冬季的低温下仍能正常使用。"

尤勇齐点头说道："明白了！"

申正道加好了防冻液，等他们都上了车，自己也坐上驾驶位，转身对他们笑着说："孩子们，今天我们不仅是一次寻找**蛛丝马迹**的破案之旅，也是一次越野观光的度假之旅，望百山村那一带不久前刚刚被划为国家森林公园。那里**景色壮丽**，**风景宜人**。叔叔今天给你们拍一些美美的照片好

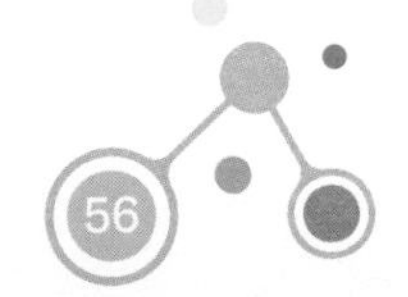

不好？”

“太好了！”他的话顿时点燃了孩子们的热情。

国家森林公园是什么？

国家森林公园是指由国家政府管理和保护的大型森林公园，旨在保护和恢复森林生态系统，维护生物的多样性，促进可持续发展，提供生态旅游和科学研究的场所。

这些公园提供了美丽的自然景观和丰富多样的野生动植物以供观赏，同时还是徒步旅行或露营爱好者的打卡之地。

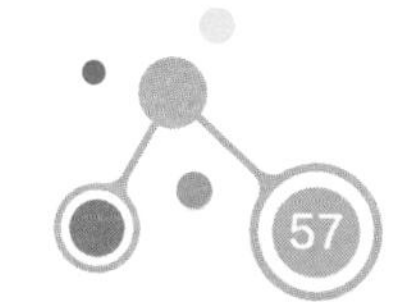

小化学家 7

今天天气不错，阳光明媚。一辆越野车在公路上飞驰。

在申正道的鼓动下，几个孩子一路引吭高歌，车里一派热闹的景象。

尤勇齐注意到申正道戴了一副变色眼镜，玻璃片在太阳的照耀下时深时浅。便问道：“变色眼镜为什么会变色？”

路建平回答说：“变色眼镜之所以能变色，是在镜片玻璃上加了一层卤化银和氧化铜的特殊涂层，当光线强度和颜色发生变

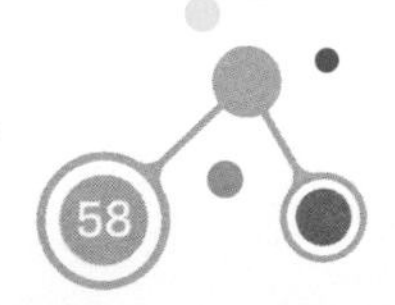

化时，涂层中的物质会发生反应，使镜片颜色随之变化。”

申正道闻言不由赞道：“不愧是你们少年侦探团的智慧担当，建平说的完全正确。”

申筝奕却有点不乐意：“这些知识我也知道，不过是路建平抢先说出来了而已。”

申正道不由哈哈大笑，连连道：“我女儿也很棒，都厉害，都厉害！”

一个小时后，他们再次来到望百山村。申正道把车停在村口，让大家以白雪皑皑的群山为背景，摆出各种造型拍了一些照片，然后一起朝着王大望家走去。

他们来到村胡同的一个拐角时，走在最前面的路建平差点和迎面而来的一个人撞个满怀。

路建平站稳后定睛一看，正是昨天见到的王小柱。

王小柱看到又是他们，不由得一愣，然后冷冷

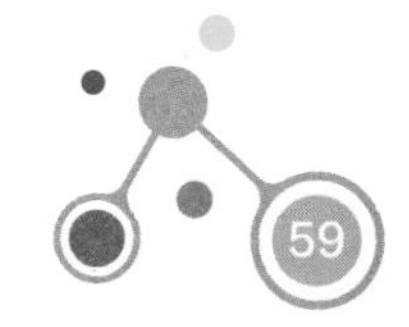

地说："你们又来干什么？"

路建平还没有回答，申筝奕抢着说："我们来这里观光旅游赏雪景，碍你什么事了？"

申正道制止住她，微笑着说："我听我女儿说，昨天罗浩宇叔叔带他们过来的时候，有人上门来找你家里的麻烦。所以我们今天过来看看，有没有可以帮忙的地方。"

王小柱看了他一眼，警惕地说："不用了，我们家没有什么需要帮忙的地方，那个罗浩宇的车被烧跟我爸一点儿关系也没有，你们回去吧。"

尤勇齐再也忍不住了，蹦出来对王小柱嚷嚷："喂，这地方是你家的？凭什么让我们走？"

王小柱看了他一眼，**鼻子里发出一声冷哼**，便拐过路口朝另一个方向走了。

申筝奕不满地看着他远去的身影，说道："这个人，太没礼貌了。"

路建平却没有说话，深深地望了王小柱

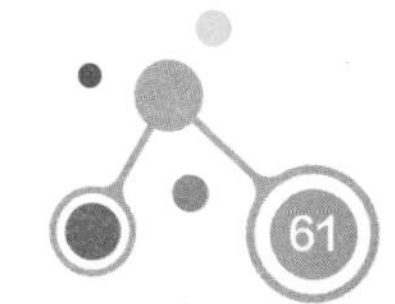

一眼。

他们来到王大望家，申正道轻轻敲门。小柱妈过来开门，看到他不禁有些疑惑。

申筝奕走上来说：“阿姨，我们昨天来过的。”

小柱妈认出申筝奕，脸上露出笑容：“对对对，你是昨天来过我家的那个小姑娘，那你们今天来这是——”

申正道说：“我是她爸爸，昨天因为时间仓促，有些情况我们还没有了解清楚，所以过来再找您聊聊。”

小柱妈点点头：“好的好的，快请进。”

一行人走进屋里，女孩儿小燕给他们倒上热水，然后一声不吭地走到远处坐下。

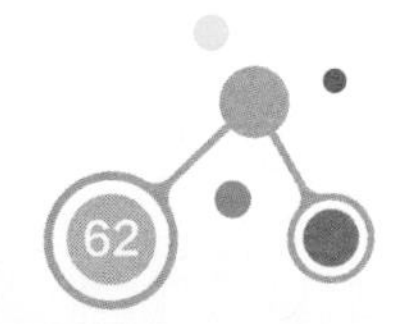

申正道喝了几口水，问小柱妈说：“您爱人王大望大概什么时候回来？”

小柱妈摇摇头：“已经有很多人问过了，我真不知道。”

申正道说：“他是因为需要借钱才离开的吧。他上次去找罗浩宇的时候，小柱是不是也跟着去了？”

小柱妈点点头：“是的，这是上上周的事情，他去城里找罗总借钱，刚好小柱也放寒假，就跟着去了，他们住在城里一个亲戚那里。那天因为没借到钱，大望的脸色很不好看。”

申正道点点头说：“所以，他这次出去还是为了给您婆婆支付住院的费用，**不得不**又去找别人借钱吧。”

小柱妈犹豫了一下，说道：“是的。其实昨天罗总来的时候，我就想求他再帮帮我们。但是我想罗总对我们一直很好，经常给我们家大望项目，他已经给我们很多帮助了。这次肯定是真的不方便借

钱给我们。我怕他为难，就没好意思再张口。”

申正道点点头：“其实我们这次来，就是想了解一下关于罗浩宇的车附近被人**纵火**的事情……”

小柱妈一惊，忙说：“什么，罗总的车被烧了？你们不会怀疑是我们家大望做的吧？不会的，我们家大望是个老实人。他绝对不会做**昧良心**的事！”她变得有些激动。

申正道连忙说：“大嫂，您别激动。我们没有怀疑王大望。何况他上周就去了S市，到现在还没有回来。罗浩宇的车下出现火情也就是这几天的事，所以这件事应该跟他没关系。”

小柱妈松了口气：“不是他就好。罗总昨天来的时候，怎么没提起这事？”

申正道说：“因为车没被点着，所以他觉得也不是什么大事。”

小柱妈**如释重负**：“没事就好，没事就好。”

申正道站了起来，看着墙上贴得**满满当当**的

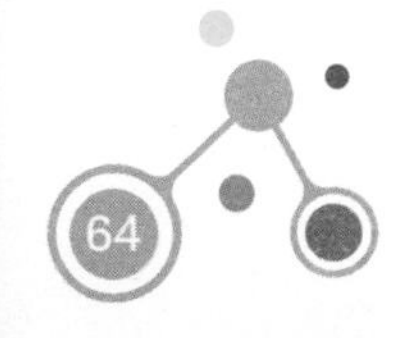

奖状，赞叹地说："小柱的学习成绩真不错，得了这么多荣誉。"

小柱妈笑着说："这孩子，虽然话不多，但一直很用功，成绩也一直是全校第一，好不容易考上大学，他总觉得给家里带来了太大负担……"

申正道点点头，感慨地说："**可怜天下父母心**。为了孩子，父母吃多少苦都愿意。对了，大嫂，我们刚才在路上碰到了小柱。我现在想找他问几句话。您知道他去哪里了吗？"

小柱妈摇摇头："这孩子成天不在家待着。我也不知道他去哪里了。"

这时候，坐得远远的小燕突然说："我知道哥哥在哪里！"

小柱妈有点吃惊地问她："他在哪里？"

小燕抬头大声说："哥哥在工厂的实验室里！"

"什么实验室？哪里的实验室？"小柱妈摸不着头脑。

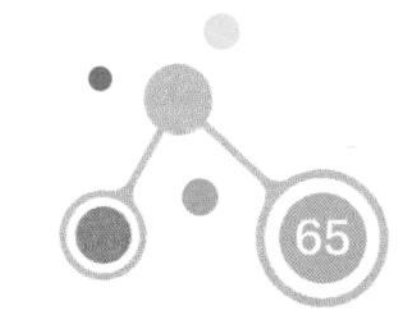

申正道走过去，温和地对小燕说："小妹妹，你能带我去实验室找你哥哥吗？"

小燕点点头说："好。"

于是，在她的带领下，申正道一行人朝着村外走去。

路建平问小燕："小燕妹妹，你哥哥为什么要来实验室？"

小燕自豪地说："因为哥哥说他要成为一位伟大的科学家，所以需要做很多很多的实验。"

尤勇齐不屑地说："切，就他那样，还想当科学家。"

小燕一听这话，停下来不走了。她气呼呼地瞪着尤勇齐说："我哥哥怎么不能当科学家了？"

申筝奕见状连忙上前劝解。申正道又从车上拿了些好吃的零食也无济于事。最终还是尤勇齐道歉了，小燕才肯带他们继续往前走。

众人来到村外大约几百米远的地方，看到一座

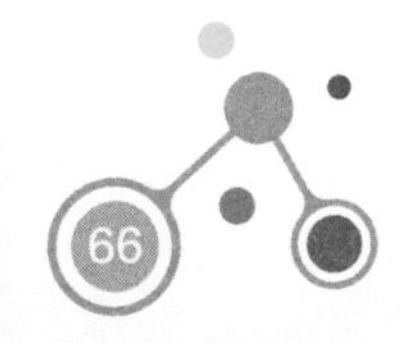

工厂，从后门进去就是实验室。

路建平走过去发现周围没有异常。于是他推开门走进去，里面并没有人。

小燕奇怪地说："咦？哥哥平时都在这里做实验的。"

路建平却没有什么失望的表情，他看了看满屋子的**瓶瓶罐罐**，都是些做化学实验用的仪器器皿，于是点了点头。

申正道看着他的神情，也微微笑了笑。

在开车返回城里的路上，申正道问路建平："建平，你发现了什么？"

路建平说："我基本已经确定是谁干的了，不过我觉得他应该只是一时泄愤，而不是蓄意报复。"

申正道说："那怎么解决？"

路建平说："**解铃还须系铃人**。"

申正道哈哈笑着说："正如我所想的那样。"

申筝奕看着他俩，**欲言又止**。尤勇齐则疑惑

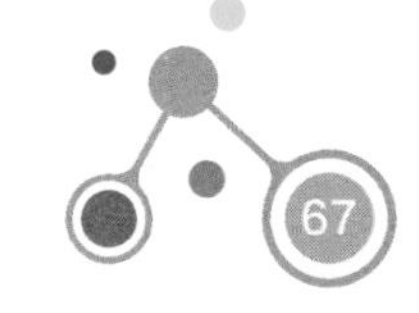

不解地听着他们**打哑谜**式的对话。

谜题

5 路建平为什么说解铃还须系铃人？

6 到底谁才是真正的纵火者？

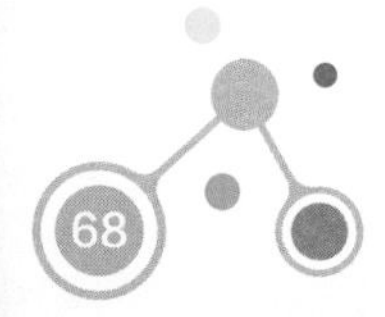

8 燃烧的铁

过了几天，到了过小年的日子。

尤勇齐正在和爸爸妈妈一起吃饭，尤达丹对尤勇齐说："你们破案有什么进展吗？"

尤勇齐抬头说道："当然有进展啊，路建平好像已经发现罗叔叔车库纵火案是谁干的了。"

尤达丹说："是吗？那你赶紧跟罗叔叔说一声啊，我看他最近还在为这个事**心神不宁**呢。"

尤勇齐点点头，吃饭后给罗浩宇打了个电话："罗叔叔，我们知道纵火事件是谁干的了。"

罗浩宇一听忙问道："是吗？是谁干的呢？"

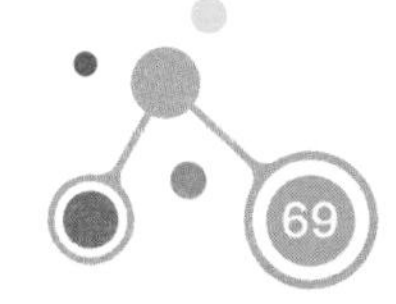

尤勇齐说："路建平知道，我让他告诉你。"

罗浩宇想了想说："我现在在家里，不过一会儿要出去，你们来家里找我吧。"

挂了电话，尤勇齐立刻通知路建平和申筝奕，三人很快到了罗浩宇家里。

罗浩宇问他们："你们有发现了？"

路建平说："已经**八九不离十**了。不过我还想最后再确认一下。"

罗浩宇点点头，说："这几天我一直在想，当初我还是不应该拒绝王大望的。谁家都有困难的时候，王大望跟我认识这么多年，做事一直**勤勤恳恳**、**任劳任怨**的，现在他家人生重病问人借钱治疗，结果因为一时还不起钱被人上门讨债。人被逼到那份上，我再不帮点忙的话，怎么也说不过去。所以我现在打算去望百山村一趟，正好今天是小年，给他们提前拜个早年。"

路建平高兴地说："那太好了，我们也跟着去吧，

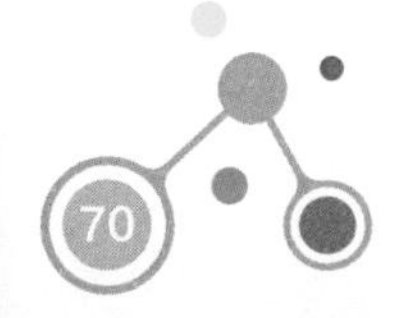

正好确认一下我们的想法。”

罗浩宇说：“好，我刚才打电话跟王大望联系了，正好他们都在家。那咱们现在就走吧。”

他们走到罗浩宇车位那里，路建平让大家先等等，他从兜里取出一块磁铁，在地上不停吸着。不一会，他似乎有所发现，脸上现出惊喜的神情。

尤勇齐问他：“你发现什么了？”

路建平说：“现在还不能说，等到望百山村再说。”

尤勇齐嘟囔着说：“老这样神神秘秘的，真没劲。”

众人驱车来到望百山村王大望家，王大望也已经回来了。

罗浩宇走过去握着他的手说：“老王，今天过小年，我给你拜早年来了，顺便给你带些钱聊表心意，虽然不是很多，但应该够你先还给村里的乡亲。”

王大望这次出门依然空手而归，正焦躁不已，没想到罗浩宇亲自登门送上大礼，一时激动得

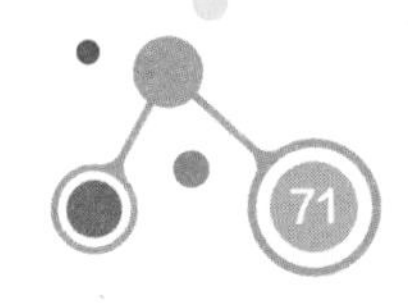

不知说什么好：“罗总，麻烦您这么远跑一趟，实在不好意思，真的太谢谢你了。”

罗浩宇接着说：“这点钱先给你救急。等过了年，我那个中标项目上马开工后，我还是把土建的活包给你。这个活要比以往大不少，应该能给你带来不少收益。这样有了钱以后，你就可以给你母亲做手术了！”

王大望和小柱妈激动得一个劲儿地道谢。路建平没看到王小柱，于是问小燕：“你哥哥又去了实验室？”

小燕点点头。

路建平说：“那我们一起去找他吧。”

工厂的实验室里，王小柱正在忙碌着。

外面不时传来阵阵鞭炮声，他也**不为所动**，依然**专心致志**地做实验。

他边做边记录着数据。正在这时，突然听到有人推门进来，并笑嘻嘻地说：“小柱哥，很有大化学家的味道了。”

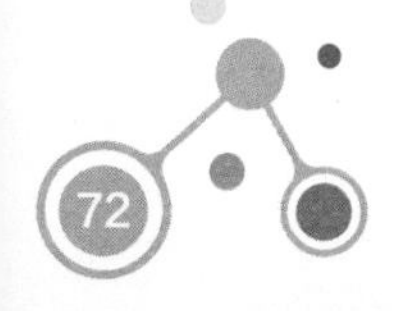

王小柱回头一看，正是那个前几天和自己差点儿相撞的少年。

他冷冰冰地说："你是怎么知道这里的？"

路建平笑着说："这不重要，看见你做化学实验我也手痒痒了，我也来做一个好不好？"

还没等王小柱同意，他走到各种**瓶瓶罐罐**面前，拿到一个标有"四氧化三铁"的玻璃瓶子，笑着说："就是它了。"

这时，罗浩宇、王大望、小柱妈等人在小燕的带领下也赶到了这里。他们静静地等着路建平解开迷题。

路建平走到操作台，指着锌和稀盐酸说："这两种物质可以反应制出氢气，然后从玻璃瓶中取出

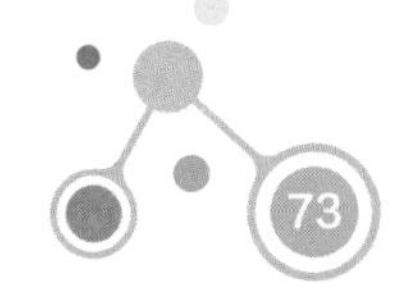

一些四氧化三铁粉末，倒入反应瓶里，导入氢气，用酒精灯加热，等一会，反应瓶中会产生一些水珠，同时还会出现了一些颗粒很细的黑色粉末。如果把这些颗粒收集起来，用锤子轻轻一敲，这些铁粉会瞬间燃烧起来，并产生一种明亮的黄色火焰。”

路建平再次把实验人员模拟的实验视频放给大家看并问罗浩宇：“罗叔叔，您那天看到的火光应该就是这样的吧。”

“对对对，就是这样的！”罗浩宇点点头。

王小柱默默地看着，始终**一言不发**。

路建平**目不转睛**地望着他说：“这个实验你应该经常做吧。你用**四氧化三铁和氢气加热，通过置换反应生成纯铁粉和水**。这种铁粉就是俗称的‘**引火铁**’，**它具有很高的反应活性，在空气中受撞击或受热时会燃烧**。那天晚上，你把提前制好的引火铁倒在罗叔叔车位上靠近车轮的位置。第二天一早罗叔叔启动汽车，车轮

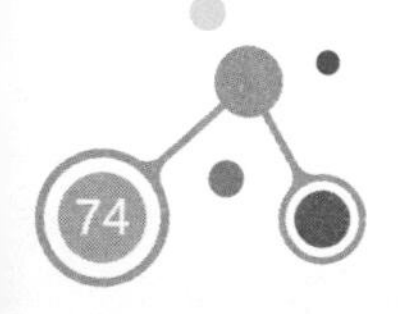

轧到引火铁产生摩擦和撞击，使其燃烧起来。”

随后，他捡起地上燃烧后生成的黑色颗粒，又从自己兜里取出刚才在罗浩宇车位上用磁铁吸到的黑色颗粒给众人看：“这两种金属是一模一样的。其实，从那天你失口说出罗叔叔的车被烧跟你爸爸一点儿关系也没有时，我就知道这个案子是你做的了。因为我们第一次来的时候，从来就没有提起过罗叔叔的车被烧的事儿。如果不是你做的，你又是怎么知道的？”

王小柱张大了嘴，却什么也没说。

王大望一直在仔细观看，听到这时，瞬间明白了，他朝王小柱吼道：“臭小子，原来是你干的好事！

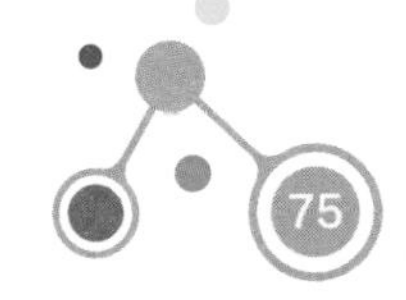

难怪那天你非要再去城里你三舅家里住一晚，原来是干这事儿去了！你为什么要这么做？”

王小柱的脸胀得通红，嚷道：“我不是看爸爸你要不到钱受了委屈，想替你出口气嘛！”

王大望听到这话勃然大怒：“胡说八道，你这孩子是从哪里学的这些不争气的主意！还不快给我跪下！向你罗叔叔认错！”

“你这孩子，真是不懂事呀。你罗叔叔可是好人呀。你知道你罗叔叔今天干什么来了吗，他是借钱给咱们来了！”小柱妈嗔怪道。

“什么！难道是我……”小柱震惊道。

“对，你是错怪罗叔叔了。那天，你爸爸不是去找罗叔叔结款，而是去找他借钱的。”路建平道。

王小柱一听这话，边哭边说道：“罗叔叔，对不起！我错了。”

罗浩宇连忙对他说道：“没事，没事！事情都过去了。

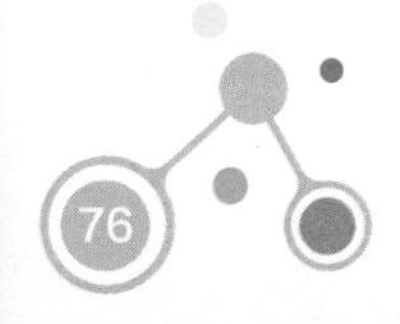

王大望感激地看着罗浩宇说：“孩子不懂事，还是罗总您大人有大量啊。回家，我杀鸡宰猪请您一起过小年！”

罗浩宇推辞不过，被王大望和小柱妈拉走了。

路建平仔细看了看这个工厂的实验室，笑着对王小柱说：“小柱哥，你这里的实验设备不全啊，回头我带你去我爸的实验室见见世面！

王小柱顿时兴奋起来：“那太好了，谢谢你！”

路建平笑着说：“说不定，未来的诺贝尔化学家就此诞生了呢！”

王小柱挠挠头，不好意思地笑了。

此时，村子里鞭炮声大作，他们都跑出门，只听外面的鞭炮声震彻山谷，给宁静的大山增添了许多节日的喜悦。每个人的脸上都洋溢着欢笑，共同展望下一个春天。

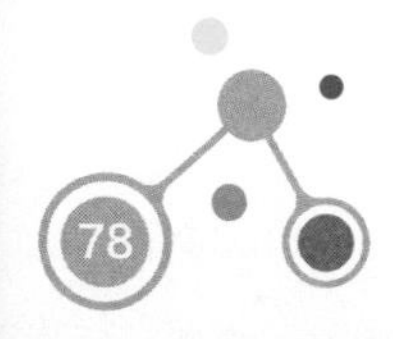

过小年的习俗有哪些？

每年的农历腊月二十三或二十四日就是小年，是我国重要的传统节日之一。人们过小年时，通常有这样的习俗：

吃汤圆：过小年时，吃汤圆象征着团圆和完满。

贴窗花：人们会在窗户上贴上各种各样的窗花，以增添节日的喜庆氛围。

扫尘：人们会彻底清扫家中的每个角落，以驱走旧年的晦气，迎接新年的好运。

祭祖：家人会一起祭拜祖先，以表达对祖先的思念和感恩之情。

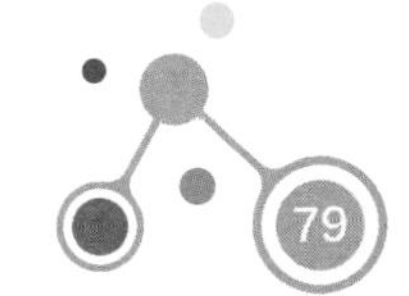

若干天后……

路建平带着王小柱去爸爸的实验室参观学习，王小柱不敢相信自己的眼睛，那么多平时难以见到的化学物质琳琅满目。

王小柱说：“建平，我想参加你们那个‘走向碳中和’的宣传活动可以吗？”

路建平高兴地说：“好啊，宣传绿色低碳生活的理念，参与的人越多越好。小柱哥，你知道吗？其实铁未来也可能成为一种新能源。”

王小柱瞪大眼睛说：“这是真的吗？”

路建平肯定地说：“当然是真的。中国航天员在天宫空间站里，研究利用微重力铁粉的离散燃烧，从而实现无碳、无限可回收的能源储存。这在地球和未来的月球前哨站上都有很好的应用前景。人类有可能会进入一个新的‘铁器时代’。”

王小柱兴奋地说：“那真是太好了，这可比我现在只会制造纯铁粉强一万倍！我要好好学习，将来也要去月球，开创崭新未来！”

路建平点点头说道：“好，我们共同努力！”两个好朋友兴奋地击掌。

解谜时刻

1. **车轮附近的黑色粉末是什么？**

   纯铁粉。

2. **从罗浩宇的相关描述中，你认为谁最有可能犯案？**

   三个人都有犯案可能。

3. **王小柱为什么对他们冷冰冰的？**

   他误会罗浩宇不帮助他们。

4. **张教练、李海龙、王大望哪个是真正的纵火者？**

   都不是。

5. **路建平为什么说解铃还须系铃人？**

   事情因罗浩宇而起，也由他解开这个结。

6. **到底谁才是真正的纵火者？**

   王小柱。

图书在版编目（CIP）数据

化学侦探王．迷之粉末 / 吴殿更著．-- 长沙 ：湖南教育出版社，2023.11（2024.3 重印）
ISBN 978-7-5539-9875-6

Ⅰ．①化… Ⅱ．①吴… Ⅲ．①化学－青少年读物 Ⅳ．① 06-49

中国国家版本馆 CIP 数据核字（2023）第 213331 号

化学侦探王・迷之粉末
HUAXUE ZHENTAN WANG・MI ZHI FENMO
吴殿更 著

总 策 划：石叶文化
策划组稿：胡旺 殷哲
出版统筹：朱微 谢晛颖
封面设计：曹柏光
特约编辑：卫世敏 杨帅
责任编辑：罗尘 谢晛颖
责任校对：任娟
出版发行：湖南教育出版社（长沙市韶山北路 443 号）
网 址：www.hneph.com
微 信 号：湖南教育出版社
电子邮箱：hnjycbs@sina.com
客服电话：0731-85486979
经 销：全国新华书店
印 刷：唐山富达印务有限公司
开 本：880 mm×1230 mm 32 开
印 张：27.50
字 数：400 000
版 次：2023 年 11 月第 1 版
印 次：2024 年 3 月第 2 次印刷
书 号：ISBN 978-7-5539-9875-6
定 价：198 元（全 10 册）